图 解 家 装 细 部 设 计 系 列

Diagram to domestic outfit detail design

收纳陈列666例

Storage & Display

主 编：董 君 / 副主编：贾 刚 王 琰 卢海华

中国林业出版社

目录 / Contents

中式典雅 / 05

中国传统的室内设计融合了庄重与优雅双重气质。中式风格更多的利用了后现代手法，把传统的结构形式通过重新设计组合以另一种民族特色的标志符号出现。

田园混搭 / 53

田园风格之所以称为田园风格，是因为田园风格表现的主题以贴近自然，展现朴实生活的气息。田园风格最大的特点就是：朴实，亲切，实在。田园风格包括很多种，有什么英式田园、美式乡村、法式田园、中式田园等等。

欧式奢华 / 73

欧式风格，是一种来自于欧罗巴洲的风格。主要有法式风格，意大利风格，西班牙风格，英式风格，地中海风格，北欧风格等几大流派。所谓风格，是一种长久以来随着文化的潮流形成的一种持续不断，内容统一，有强烈的独特性的文化潮流。

现代潮流 / 99

现代风格是比较流行的一种风格，追求时尚与潮流，非常注重居室空间的布局与使用功能的完美结合。现代主义提倡突破传统，创造革新，重视功能和空间组织，注重发挥结构构成本身的形式美，造型简洁，反对多余装饰，崇尚合理的构成工艺等。

CHINESE 中式典雅

对称\简约\朴素\大气\庄重\雅致\恢弘\壮丽\华贵\高大\对比\清雅\含
蓄\端庄\对称\简约\朴素\大气\对称\简约\朴素\大气\庄重\雅致\恢
弘\壮丽\华贵\高大\对比\清雅\含蓄\端庄\对称\简约\朴素\大气\端
庄对称\简约\朴素\大气\庄重\雅致\恢弘\壮丽\华贵\高大\对比\清雅\含
蓄\端庄\对称\简约\朴素\大气\对称\简约\朴素\大气\庄重\雅致\恢
弘\壮丽\华贵\高大\对比\清雅\含蓄\端庄\对称\简约\朴素\大气\对
称\简约\朴素\大气\庄重\雅致\恢弘\壮丽\华贵\高大\对比\清雅\含
蓄\端庄\对称\简约\朴素\大气\对称\简约\朴素\大气\庄重\雅致\恢
弘\壮丽\华贵\高大\对比\清雅\含蓄\端庄\对称\简约\朴素\大气\端
庄对称\简约\朴素\大气\庄重\雅致\恢弘\壮丽\华贵\高大\对比\清
雅\含蓄\端庄\对称\简约\朴素\大气\对称\简约\朴素\大气\庄重\雅
致\恢弘\壮丽\华贵\高大\对比\清雅\含蓄\端庄\对称\简约\朴素\大
气\对称\简约\朴素\大气\庄重\雅致\恢弘\壮丽\华贵\高大\对比\清
雅\含蓄\端庄\对称\简约\朴素\大气\对称\简约\朴素\大气\庄重\雅
致\恢弘\壮丽\华贵\高大\对比\清雅\含蓄\端庄\对称\简约\朴素\大
气\端庄对称\简约\朴素\大气\庄重\雅致\恢弘\壮丽\华贵\高大\对
比\清雅\含蓄\端庄\对称\简约\朴素\大气\对称\简约\朴素\大气\庄
重\雅致\恢弘\壮丽\华贵\高大\对比\清雅\含蓄\端庄\对称\简约\朴
素\大气\对称\简约\朴素\大气\庄重\雅致\恢弘\壮丽\华贵\高大\对
比\清雅\含蓄\端庄\对称\简约\朴素\大气\对称\简约\朴素\大气\庄
重\雅致\恢弘\壮丽\华贵\高大\对比\清雅\含蓄\端庄\对称\简约\朴
素\大气\端庄对称\简约\朴素\大气\庄重\雅致\恢弘\壮丽\华贵\高
大\对比\清雅\含蓄\端庄\对称\简约\朴素\大气\对称\简约\朴素\大
气\庄重\雅致\恢弘\壮丽\华贵\高大\对比\清雅\含蓄\端庄\对称\简
约\朴素\大气\恢弘\壮丽\华贵\高大\对比\清雅\含蓄\端庄\对称\约
\朴素\大气\恢弘\壮丽\华贵\高大\对比\清雅\含蓄\端庄\对称\庄重\

CHINESE
中式典雅

中国传统的室内设计融合了庄重与优雅双重气质。中式风格更多的利用了后现代手法，把传统的结构形式通过重新设计组合以另 种民族特色的标志符号出现。

随处可见的是主人的收藏。

陈列架上的收藏摆放是主人的最爱。

多层柜格组合的陈列空间。

一组红木柜满足主人收藏的需要。

整齐的收纳空间。

墙角的闲散空间被合理利用成了储藏空间。

收藏空间一角。

宽大的储物空间满足业主收藏的需要。

收纳陈列空间一角。

明式陈列柜营造出一丝文人气息。

不同材料的组合，塑造出的陈列空间。

定制的陈列架合理的利用了空间。

酒柜一角。

定制衣帽间，满足女主人的私人需要。

中式红木陈列柜满足多功能的需求。

床头的巧妙处理。

装饰性和实用性结合的收纳空间。

酒柜的一角。

隔断的处理，既满足装饰需要，又实现收纳的需求。

陈列架不规则的分割，满足不同物品的摆放。

墙体被掏成陈列储藏间，充分利用了空间。

通透的收纳柜。

整面墙被设计成收藏空间，满足主人多种收藏的需求。

隔断的处理，既实现分隔空间的作用，又满足陈列展示作用。

强大的收纳空间。

私人定制的衣帽间。

动静结合的陈列柜。

收纳空间一瞥。

通透的陈列空间。

一组书柜，满足了阅读的需求。

收纳空间一角。

隔断的巧妙处理，既可分隔空间，又实现功能需要。

不同规格的陈列架。

精致的陈列收纳空间。

定制的衣帽间。

陈列空间一角。

书房是精神的巢穴，现代的装置画、传统的鼓凳、青花瓷的将军罐、笔墨书筒，都牵引着我们的思绪穿梭到另一个久远时代。

陈列架一瞥。

独立的收纳空间。

孩子的证书整齐的摆放。

地下室红酒区，采用了中西结合的方式来展开，迎合客户开红酒派对的需求。

巧妙地设计，合理的利用了墙面。

敞开式的陈列架。

陈列架一角。

构思精巧的收纳空间。

墙面通过处理，设计成了一个固定的收纳空间。

古典红木多宝阁显得格外贵气。

对称而整齐的收纳柜。

整面墙设计成书柜，满足陈列的需求。

收纳空间一览。

陈列架一瞥。

通透的收纳空间。

书架一角。

通透而整洁的收纳空间。

小空间的利用。

巧妙地利用空间，实现收纳功能。

功能强大的储物空间。

陈列架一角。

多功能收纳空间。

三面环绕的储物空间。

主人平日的爱好与珍藏都收纳于此，方便客人来时，展示一二。

隐蔽式的收纳空间。

通透的收纳空间。

强大的储藏空间。

首饰收纳架。

精致的陈列饰品。

女主人的独立空间。

隔断式的储藏空间。

整面的酒架。

定制的陈列柜。

金碧辉煌的储物空间。

大面积的陈列架。

整洁的储物空间。

通透的陈列空间。

收纳空间一角。

私密的收纳空间。

天井式的储物空间。

欧式酒柜满足陈列的需要。

定制式陈列柜。

背景墙的设计精巧而实用。

私密的陈列空间。

通透的陈列空间。

私密的衣帽空间。

女主人的私密空间。

储物空间一角。

陈列柜是本案的亮点。

定制的陈列空间。

奢华的酒柜。

私密的储物空间。

储物空间是本案的设计亮点。

整齐的陈列柜。

镜面的处理让空间变得通透而明亮。

私密的化妆空间。

整体定制的衣帽空间。

主题墙是本案的设计亮点。

巧妙地装饰储物墙。

私密的收纳空间。

陈列空间一角。

收纳空间的一角。

定制的家具满足高雅的生活。

天花吊顶是本案的亮点。

陈列架一角。

隔断满足分隔空间和陈列之用。

PASTORAL
田园混搭

自然\舒适\温婉\内敛\悠闲\舒畅\光挺\华丽\朴实\亲切\实在\平衡\温
婉\内敛\悠闲\舒畅\光挺\华丽\ 自然\舒适\温婉\内敛\悠闲\舒畅\光
挺\华丽\朴实\亲切\实在\平衡\温婉\内敛\悠闲\舒畅\光挺\华丽\自
然\舒适\温婉\内敛\悠闲\舒畅\光挺\华丽\朴实\亲切\实在\平衡\温
婉\内敛\悠闲\舒畅\光挺\华丽\ 自然\舒适\温婉\内敛\悠闲\舒畅\光
挺\华丽\朴实\亲切\实在\平衡\温婉\内敛\悠闲\舒畅\光挺\华丽\温
婉\内敛\悠闲\舒畅\光挺\华丽\朴实\亲切\实在\平衡\温婉\内敛\悠
闲\舒畅\光挺\华丽\ 自然\舒适\温婉\内敛\悠闲\舒畅\光挺\华丽\朴
实\亲切\实在\平衡\温婉\内敛\悠闲\舒畅\光挺\华丽\自然\舒适\温
婉\内敛\悠闲\舒畅\光挺\华丽\朴实\亲切\实在\平衡\温婉\内敛\悠
闲\舒畅\光挺\华丽\ 自然\舒适\温婉\内敛\悠闲\舒畅\光挺\华丽\朴
实\亲切\实在\平衡\温婉\内敛\悠闲\舒畅\光挺\华丽\ 自然\舒适\温
婉\内敛\悠闲\舒畅\光挺\华丽\朴实\亲切\实在\平衡\温婉\内敛\悠
闲\舒畅\光挺\华丽\自然\舒适\温婉\内敛\悠闲\舒畅\光挺\华丽\朴
实\亲切\实在\平衡\温婉\内敛\悠闲\舒畅\光挺\华丽\ 自然\舒适\温
婉\内敛\悠闲\舒畅\光挺\华丽\朴实\亲切\实在\平衡\温婉\内敛\悠
闲\舒畅\光挺\华丽\温婉\内敛\悠闲\舒畅\光挺\华丽\朴实\亲切\实
在\平衡\温婉\内敛\悠闲\舒畅\光挺\华丽\ 自然\舒适\温婉\内敛\悠
闲\舒畅\光挺\华丽\朴实\亲切\实在\平衡\温婉\内敛\悠闲\舒畅\光
挺\华丽\自然\舒适\温婉\内敛\悠闲\舒畅\光挺\华丽\朴实\亲切\实
在\平衡\温婉\内敛\悠闲\舒畅\光挺\华丽\自然\舒适\温婉\内敛\悠
闲\舒畅\光挺\华丽\朴实\亲切\实在\平衡\温婉\内敛\悠闲\舒畅\光
挺\华丽\ 自然\舒适\温婉\内敛\悠闲\舒畅\光挺\华丽\朴实\亲切\实
在\平衡\温婉\内敛\悠闲\舒畅\光挺\华丽\自然\舒适\温婉\内敛\悠
闲\舒畅\光挺\华丽\朴实\亲切\实在\平衡\温婉\内敛\悠闲\舒畅\光
挺\华丽\ 自然\舒适\温婉\内敛\悠闲\舒畅\光挺\华丽\朴实\亲切\

PASTORAL 田园混搭

追求清新简约的年轻人更倾向于淡雅质朴的墙面风格，淡绿、淡粉、淡黄的浅色系壁纸，无论在餐厅、书房还是卧室，一开门间，素雅的壁纸带来一股清新的味道，给人以回归自然的迷人感觉。

巧妙地陈列架。

女主人私密的收纳空间。

黑白呼应的调子。

定制的衣柜，满足生活的需求。

精致而华丽的收纳空间。

灰色的调子是空间的主色调。

黑白色调是本案的亮点。

陈列架上摆满了主人的最爱。

独立的收纳空间。

蓝色的家具提亮了空间。

朱红的背景墙是本案的亮点。

简洁而明了的空间。

通透的陈列架。

内嵌式的收纳空间。

收纳空间一瞥。

高大而的展示架。

精致的收纳展架。

内嵌式的收纳空间。

巧妙的收纳空间。

陈列空间一角。

立面墙的巧妙设计。

楼梯转角下的巧妙设计。

内嵌式的陈列架。

定制的陈列收纳架。

高大的陈列架。

精巧的墙面设计。

小空间的一角。

花格的处理让空间变得通透。

内嵌式的陈列架。

小空间的处理。

内嵌式定制收纳空间。

精致而实用的收纳空间。

简约的陈列架。

混搭的收纳空间。

功能强大的收纳空间。

定制的家具满足高品质的生活。

隐蔽式收纳空间。

简约而实用的收纳空间。

敞开式的收纳空间。

独立的收纳空间。

精心的设计，精致的生活。

简约式的收纳空间。

收纳空间的一角。

EUROPEAN
欧式奢华

流动 \ 华丽 \ 浪漫 \ 精美 \ 豪华 \ 富丽 \ 动感 \ 轻快 \ 曲线 \ 典雅 \ 亲切 \ 流
动 \ 华丽 \ 浪漫 \ 精美 \ 豪华 \ 富丽 \ 动感 \ 轻快 \ 曲线 \ 典雅 \ 亲切 \ 清秀 \ 柔
美 \ 精湛 \ 雕刻 \ 装饰 \ 镶嵌 \ 优雅 \ 品质 \ 圆润 \ 高贵 \ 温馨 \ 流动 \ 华丽
\ 浪漫 \ 精美 \ 豪华 \ 富丽 \ 动感 \ 轻快 \ 曲线 \ 典雅 \ 亲切 \ 流动 \ 华丽 \ 浪
漫 \ 精美 \ 豪华 \ 富丽 \ 动感 \ 轻快 \ 曲线 \ 典雅 \ 亲切 \ 清秀 \ 柔美 \ 精湛
\ 雕刻 \ 装饰 \ 镶嵌 \ 优雅 \ 品质 \ 圆润 \ 高贵 \ 温馨 \ 流动 \ 华丽 \ 浪漫 \ 精
美 \ 豪华 \ 富丽 \ 动感 \ 轻快 \ 曲线 \ 典雅 \ 亲切 \ 流动 \ 华丽 \ 浪漫 \ 精美 \ 豪
华 \ 富丽 \ 动感 \ 轻快 \ 曲线 \ 典雅 \ 亲切 \ 清秀 \ 柔美 \ 精湛 \ 雕刻 \ 装饰 \ 镶
嵌 \ 优雅 \ 品质 \ 圆润 \ 高贵 \ 温馨 \ 流动 \ 华丽 \ 浪漫 \ 精美 \ 豪华 \ 富丽
\ 动感 \ 轻快 \ 曲线 \ 典雅 \ 亲切 \ 流动 \ 华丽 \ 浪漫 \ 精美 \ 豪华 \ 富丽 \ 动
感 \ 轻快 \ 曲线 \ 典雅 \ 亲切 \ 清秀 \ 柔美 \ 精湛 \ 雕刻 \ 装饰 \ 镶嵌 \ 优雅
\ 品质 \ 圆润 \ 高贵 \ 温馨 \ 流动 \ 华丽 \ 浪漫 \ 精美 \ 豪华 \ 富丽 \ 动感 \ 轻
快 \ 曲线 \ 典雅 \ 亲切 \ 流动 \ 华丽 \ 浪漫 \ 精美 \ 豪华 \ 富丽 \ 动感 \ 轻快
\ 曲线 \ 典雅 \ 亲切 \ 清秀 \ 柔美 \ 精湛 \ 雕刻 \ 装饰 \ 镶嵌 \ 优雅 \ 品质 \ 圆
润 \ 高贵 \ 温馨 \ 流动 \ 华丽 \ 浪漫 \ 精美 \ 豪华 \ 富丽 \ 动感 \ 轻快 \ 曲线 \ 典
雅 \ 亲切 \ 流动 \ 华丽 \ 浪漫 \ 精美 \ 豪华 \ 富丽 \ 动感 \ 轻快 \ 曲线 \ 典雅
\ 亲切 \ 清秀 \ 柔美 \ 精湛 \ 雕刻 \ 装饰 \ 镶嵌 \ 优雅 \ 品质 \ 圆润 \ 高贵 \ 温
馨 \ 流动 \ 华丽 \ 浪漫 \ 精美 \ 豪华 \ 富丽 \ 动感 \ 轻快 \ 曲线 \ 典雅 \ 亲切
\ 流动 \ 华丽 \ 浪漫 \ 精美 \ 豪华 \ 富丽 \ 动感 \ 轻快 \ 曲线 \ 典雅 \ 亲切 \ 清
秀 \ 柔美 \ 精湛 \ 雕刻 \ 装饰 \ 镶嵌 \ 优雅 \ 品质 \ 圆润 \ 高贵 \ 温馨 \ 流动
\ 华丽 \ 浪漫 \ 精美 \ 豪华 \ 富丽 \ 动感 \ 轻快 \ 曲线 \ 典雅 \ 亲切 \ 流动 \ 华
丽 \ 浪漫 \ 精美 \ 豪华 \ 富丽 \ 动感 \ 轻快 \ 曲线 \ 典雅 \ 亲切 \ 清秀 \ 柔美
\ 精湛 \ 雕刻 \ 装饰 \ 镶嵌 \ 优雅 \ 品质 \ 圆润 \ 高贵 \ 温馨 \ 华丽 \ 浪漫 \ 精
美 \ 豪华 \ 富丽 \ 动感 \ 轻快 \ 曲线 \ 典雅 \ 亲切 \ 流动 \ 华丽 \ 浪漫 \ 精美
\ 豪华 \ 富丽 \ 动感 \ 轻快 \ 曲线 \ 典雅 \ 亲切 \ 清秀 \ 柔美 \ 精湛 \ 雕刻 \ 装
饰 \ 镶嵌 \ 优雅 \ 品质 \ 圆润 \ 高贵 \ 温馨 \ 流动 \ 华丽 \ 浪漫 \ 精美 \ 豪华 \

EUROPEAN
欧式奢华

精美古典的油画、金属光泽的壁纸、繁复婉转的脚线，繁复典雅，华丽而复古，坐在家里也能感受高贵的宫廷氛围，在水晶吊灯的映衬下，更加亮丽夺目，昭示着现代人对奢华生活的追求。

陈列空间一角。

通透的储物隔断。

隐蔽式的储物空间。

欧式收纳空间。

对称统一的装修风格。

储物空间一角。

混搭的装饰空间。

隐蔽式收纳空间。

陈列架上摆放着主人的最爱。

陈列架一瞥。

强大的收纳空间。

书房，不论从功能使用还是空间视觉上都给人全新的视觉体验。

独立的储物空间。

定制的家具满足了现代都市的生活。

内嵌式的陈列酒架。

定制的收纳架，满足业主陈列的需要。

储物架一角。

内嵌式的陈列展架。

水曲柳原木书架有着天然的亲近感，带给空间东方的思考。

私密的收藏空间。

蓝色让空间变得鲜亮起来。

整面蓝色的陈列柜，满足业主的需要。

精巧的陈列空间。

书房中柚木与火山岩洞石相互融合。

展示架让空间变得富有层次感。

隐蔽的储物空间。

阳光书房。

隔断式收藏空间。

整齐而对称的陈列书架。

精致的陈列架。

蓝色是空间的主色调。

陈列架上摆放着主人的收藏。

陈列架一角。

陈列架满足分割空间和陈列摆放的需求。

通透的陈列架让空间变得更加精致。

黑白色是本案的主色调。

陈列柜采用镜面处理，让空间鲜亮起来。

内嵌式实木展架。

实木框里摆放着主人的最爱。

陈列架一角。

一楼客厅白色护墙上安装的用亚克力做的绿色圆形灯饰，像一个装饰品风光旖旎的静置在那里。

密集的陈列架。

内嵌式的陈列架。

收纳空间一角。

黄色的椅子提亮了空间。

浅绿色的陈列架提亮了空间的调子。

内嵌式的收纳空间。

收纳空间一角。

定制的陈列柜。

内嵌式的陈列架。

田园风格的陈列空间。

对称的陈列柜。

古朴而自然的陈列柜。

内嵌式的陈列架。

欧式风格的收纳空间。

陈列收纳墙一角。

密集的收纳空间。

陈列架一角。

书房和卧房通过马头墙来区隔，意境跃然纸上。

满墙的陈列物是孩子的最爱。

蓝色提亮了空间的调子。

私密的酒柜是主人的收藏。

小空间收纳空间 。

MODERN 现代潮流

创造\实用\空间\简洁\前卫\装饰\艺术\混合\叠加\错位\裂变\解构\新潮\低调\构造\工艺\功能\创造\实用\空间\简洁\前卫\装饰\艺术\混合\叠加\错位\裂变\解构\新潮\低调\构造\工艺\功能\简洁\前卫\装饰\艺术\混合\叠加\错位\裂变\解构\新潮\低调\构造\工艺\功能\创造\实用\空间\简洁\前卫\装饰\艺术\混合\叠加\错位\裂变\解构\新潮\低调\构造\工艺\功能\创造\实用\空间\简洁\前卫\装饰\艺术\混合\叠加\错位\裂变\解构\新潮\低调\构造\工艺\功能\创造\实用\空间\简洁\前卫\装饰\艺术\混合\叠加\错位\裂变\解构\新潮\低调\构造\工艺\功能\简洁\前卫\装饰\艺术\混合\叠加\错位\裂变\解构\新潮\低调\构造\工艺\功能\创造\实用\空间\简洁\前卫\装饰\艺术\混合\叠加\错位\裂变\解构\新潮\低调\构造\工艺\功能\创造\实用\空间\简洁\前卫\装饰\艺术\混合\叠加\错位\裂变\解构\新潮\低调\构造\工艺\功能\创造\实用\空间\简洁\前卫\装饰\艺术\混合\叠加\错位\裂变\解构\新潮\低调\构造\工艺\功能\简洁\前卫\装饰\艺术\混合\叠加\错位\裂变\解构\新潮\低调\构造\工艺\功能\创造\实用\空间\简洁\前卫\装饰\艺术\混合\叠加\错位\裂变\解构\新潮\低调\构造\工艺\功能\创造\实用\空间\简洁\前卫\装饰\艺术\混合\叠加\错位\裂变\解构\新潮\低调\构造\工艺\功能\简洁\前卫\装饰\艺术\混合\叠加\错位\裂变\解构\新潮\低调\构造\工艺\功能\创造\实用\空间\简洁\前卫\装饰\艺术\混合\叠加\错位\裂变\解构\新潮\低调\构造\工艺\功能\创造\实用\空间\简洁\前卫\装饰\艺术\混合\叠加\错位\裂变\解构\新潮\低调\构造\工艺\功能\创造\实用\空间\简洁\前卫\装饰\艺术\混合\叠加\错位\裂变\解构\新潮\低调\构造\工艺\功能\简洁\前卫\装饰\艺术\混合\叠加\错位\裂变\解构\新潮\低调\构造\工艺\功能\创造\实用\空间\简洁\前卫\

MODERN
现代潮流

透视的艺术效果、抽象的排列组合、黑白灰的经典颜色……明朗大胆，映衬在金属、人造石等材质的墙面装饰中不显生硬，反而让居室弥散着艺术气息，适合喜欢新奇多变生活的时尚青年。

餐柜的摆放，满足就餐的需要。

隔断的处理，满足了陈列的需求。

极简的收纳空间。

内嵌式的储物空间。

整洁的收纳衣橱。

大量的玩偶都是孩子的最爱。

陈列架上摆放着男孩的收藏。

简约的陈列架满足业主收藏的需要。

镜面的处理让小空间变得“宽大”起来。

私密的收纳空间。

女主人的独立“王国”。

内嵌式收藏陈列架。

大面的木质展柜，迎合甲方的收纳和展示的功能需求。

小空间的处理，精致而细腻。

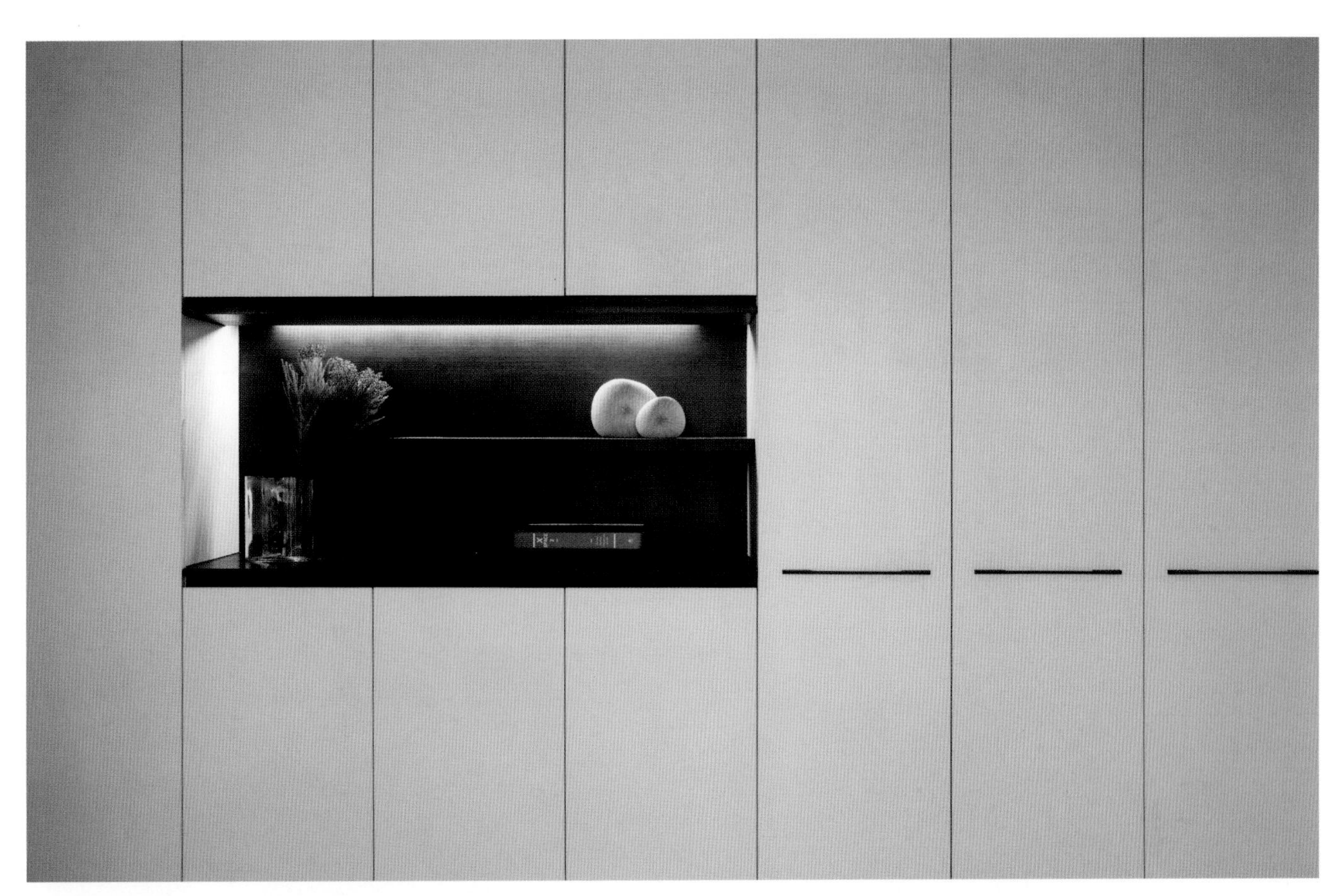

内嵌式的收藏空间。

客厅的一角——风格优雅的家具与宽敞的空间相得益彰。

书架满足了阅读的需要。

酒柜陈列着业主的需要。

高大的酒柜，满足了业主收藏的需要。

楼梯自然隔离出茶舍，浮云般的吊灯以及宽大的茶台，静室暗合禅茶意，沸水自有空灵香。

私密的收纳空间。

内嵌式的酒柜。

楼梯间隔出了陈列架。

小酒架摆放了主人的收藏。

私密的收纳空间。

内嵌式的收纳空间大大节省了空间。

混搭风格的收纳柜。

内嵌的装饰收藏书架。

半透的收纳隔断。

整面的装饰收纳空间。

隐蔽式的收纳空间。

通透的陈列架。

简洁而明快的陈列空间。

内嵌式的陈列架。

设计延续一楼的简单，同样没有复杂的线条，长条几案也可供业主兴致来时在此挥毫泼墨成就一幅幅雅作。

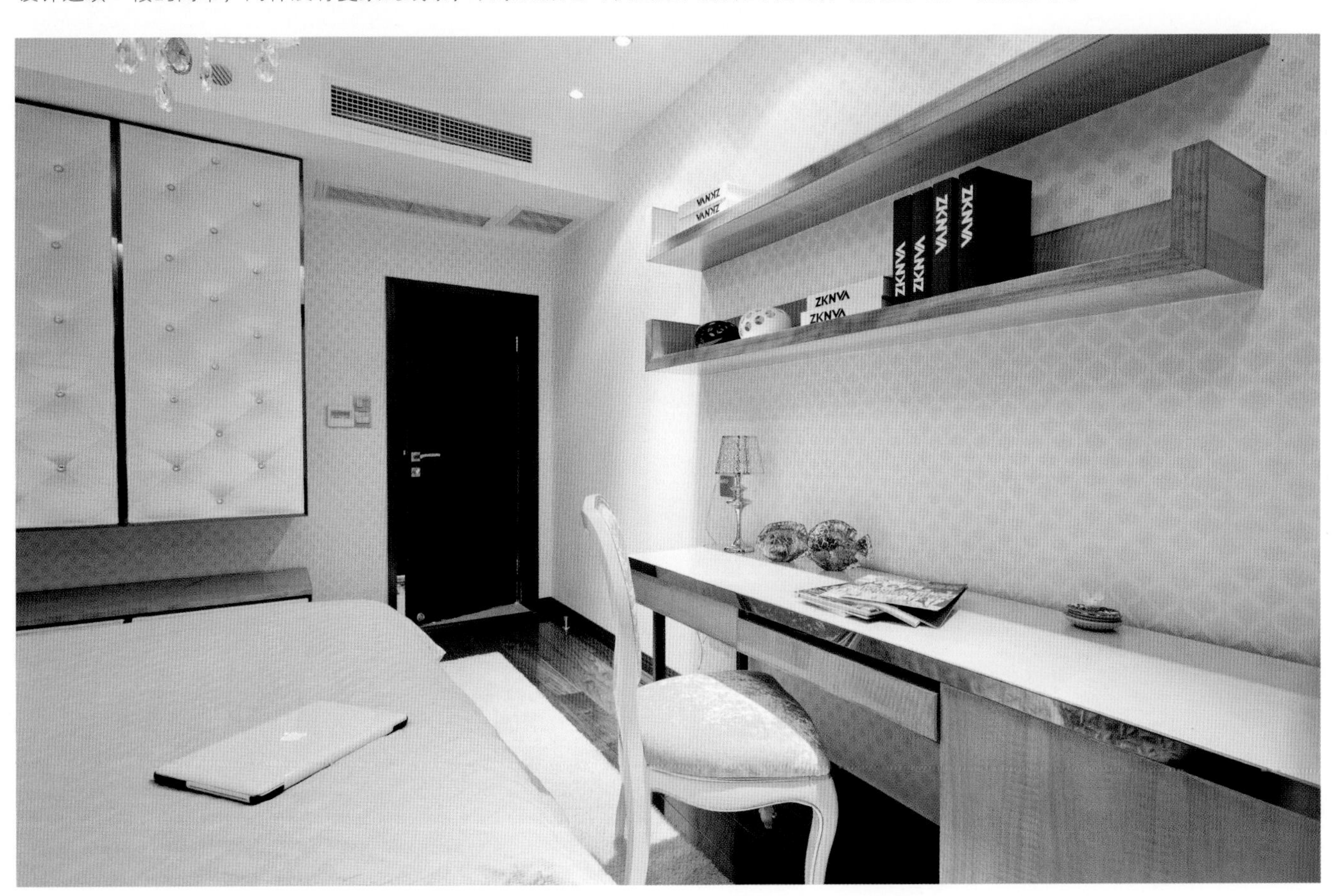

便捷实用的装饰架。

密集的陈列架。

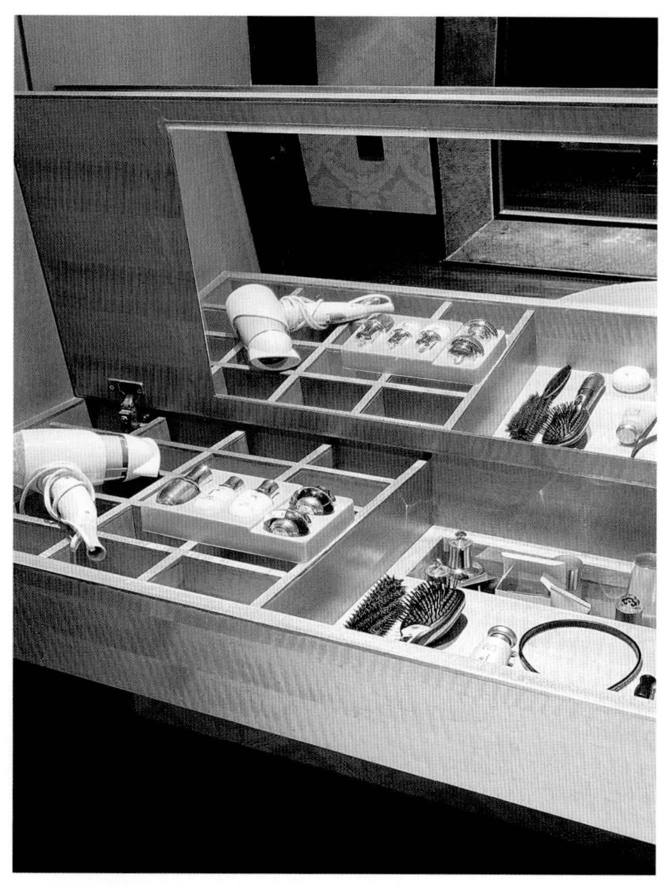

精致的收纳盒。

主人的私密收纳空间。

内嵌式的收纳空间。

简约而明快的收纳空间。

内嵌式的收纳架。

定制的收纳架分隔着空间。

密集的收纳架。

精致的储物空间。

极简风格的收纳空间。

内嵌式收纳空间。

简约风格的收纳空间。

精致的收纳空间。

小空间的陈列架。

通透的展架。

内嵌式的陈列空间。

陈列架满足业主收藏的需要。

私密的收纳空间。

吊顶的玻璃处理，让空间变得通透。

极简的展示架。

密集的陈列架满足收纳的需求。

内嵌式定制陈列柜。

极简风格的陈列架。

私密的收纳空间。

定制的家具满足主人收纳的需求。

异型展示架。

内嵌式收纳架。

个性化的定制家具。

内嵌展示架。

大面积的陈列架满足业主的需求。

隐藏的收纳柜分布在两侧。

私密的收纳空间。

小空间的处理，满足了收纳功能。

内嵌式的收纳空间。

两侧的收纳柜，实现了强大的收纳作用。

独立的收纳空间。

书房，满足了一个家庭需要。

极简的收纳空间。

陈列架上摆放着主人的收藏。

茶空间，满足业主的需求。

三面满满的书架，满足一家人的需求。

独立而私密收纳空间。

密集的收纳空间。

通透的陈列架。

书房书房同样采用现代简约、国际化的设计手法。

定制的陈列衣橱满足业主的需求。

通透的陈列架既起到分隔空间的作用，又有装饰性。

内嵌的衣柜，满足业主的需求。

密集的陈列书架。

小空间的处理，让功能更强大。

独立的收纳空间。

私密的收纳空间。

背景墙设计成了陈列架。

异形的收纳架别有一番情调。

独立的衣帽间。

朴素的收纳空间。

隐蔽的收纳空间。

隐蔽式的收纳空间。

洗手间整齐、简洁、干湿分区，极具功能性。

强大的陈列架。

整面的收纳墙。

简洁的储物柜。

收纳架一角。

隐蔽的收纳空间。

隔断墙设计成收纳柜。

隐蔽式的收纳柜。

四面密集的收纳架。

整洁的收纳柜。

收纳柜分隔了卧室空间。

独立的衣帽间。

整面的陈列架满足主人收藏的习惯。

简约的木制风格中加上一把色调一致的长椅，散发着一种旧时的情怀。

玻璃面墙扩大了空间的面积。

简洁的展示架。

内嵌式陈列架。

酒架满足了主人储藏的需要。

私密的收纳空间。

满墙的书满足主人的需求。

玻璃镜面给空间一种魔幻效果。

书房书桌的可折叠结构让空间的自由度得到了很大的提升。

密集的收纳柜。

独立的衣帽间。

隔断巧妙地处理成收纳柜。

内嵌式的收纳架。

陈列架上摆放着主人的收藏。

隔断满足了陈列收藏之需。

内嵌式的收纳架。

内嵌式储物柜。

更衣室的陈列架。

开放式书房。

强大的储物空间。

镜面的处理延伸了空间。

独立的更衣空间。

陈列架摆放了主人的爱好之物。

陈列架上摆放着主人平日阅读的书籍。

异性的陈列架。

内嵌式的收纳架。

楼梯小空间的巧妙处理。

洁白的收纳空间。

艺术化的收纳空间。

独立的衣帽间。

密集的陈列架。

小空间的巧妙处理。

黑色的陈列架格外显眼。

洁净的空间设计。

独立的衣帽间。

玩具是女孩子的最爱。

玄关，其实很简单。

陈列的巨著让空间变得厚重。

TOWN HOUSE
TOWN HOUSE
• VISUAL ARTS •
• VISUAL ARTS •
TOWN HOUSE
ENDURING ARCHITECTURE
• VISUAL ARTS •
• VISUAL ARTS •
• VISUAL ARTS •
Revelation 21:1
TOWN HOUSE
• VISUAL ARTS •
Revelation 21:1

密集的收纳架。

衣帽间中搭配是创意和见闻的展现。

魔幻的展示架。

小空间的合理利用。

隔断式的挂衣架。

密集的陈列架。

陈列架满足收纳的需要。

独立的衣帽间。

隔断，起到了陈列的作用。

开放式的衣帽间。

开放式的衣帽间。

密集的陈列架。

陈列架满足收纳的需要。

内嵌式的陈列架。

开放式的衣帽间。

开放式的衣帽间。

隔断，起到了陈列的作用。

收纳架一角。

书架满足业主阅读的需求。

开放式的衣帽间。

这个空间主要体现点线面的关系。

开放式的衣帽间。

私密的衣帽间。

收纳柜满足业主的需求。

隔断式的陈列架。

私密的衣帽间。

玄关的巧妙处理。

开放式的衣帽间。

隐藏的收纳空间。

陈列架满足业主的收藏需求。

收纳架一角。

私密的收纳空间。

私密的衣帽间。

衣柜起到了隔断的作用。

开放式的衣帽间。

浴室连接着衣帽间。

折叠式的收纳间。

内嵌式的收纳空间。

衣帽间的镜面处理。

洁白的收纳空间。

私密的衣帽间。

收纳空间一角。

黑白的对比。

活动的收纳隔断。

装饰柜细部。

密集的收纳墙。

陈列架一角。

陈列架上是孩子的最爱。

简易的陈列架。

内嵌式的陈列柜摆放着主人的最爱。